LES ARRÊTÉS MUNICIPAUX

ET

LES LOIS SANITAIRES

des 15 et 19 Février 1902 et 7 Avril 1903

PAR

LUCIEN GRAUX

Prix : 1 Franc

PARIS

LIBRAIRIE MÉDICALE ET SCIENTIFIQUE

JULES ROUSSET

1, RUE CASIMIR-DELAVIGNE ET 12, RUE MONSIEUR-LE-PRINCE

1905

LES ARRÊTÉS MUNICIPAUX

ET LES LOIS SANITAIRES

Des 15 et 19 Février 1902 et 7 Avril 1903

DU MÊME AUTEUR :

———

La Tuberculose et l'Habitation urbaine. Paris, Rousset, 1905.

La Loi de 1902 et les Stations Hydrominérales. Broch., Paris, 1904.

Le VIIe Congrès International d'Hydrologie, de Climatologie et de Géologie. *Progrès Médical*, 1902.

Le XIVe Congrès International de Médecine de Madrid. *Progrès Médical*, 1903.

Le Cinquantenaire de la Société d'Hydrologie Médicale de Paris. *Progrès Médical*, 1904.

La Lutte contre la Tuberculose, *Progrès Médical*, 1903.

PREMIER CONGRÈS INTERNATIONAL D'ASSAINISSEMENT ET DE SALUBRITÉ DE L'HABITATION

1904

LES ARRÊTÉS MUNICIPAUX

ET

LES LOIS SANITAIRES

des 15 et 19 Février 1902 et 7 Avril 1903

PAR

LUCIEN GRAUX

PRIX : **1** FRANC

PARIS

LIBRAIRIE MÉDICALE ET SCIENTIFIQUE

JULES ROUSSET

1, RUE CASIMIR-DELAVIGNE ET 12, RUE MONSIEUR-LE-PRINCE

1905

LES ARRÊTÉS MUNICIPAUX

ET LES LOIS SANITAIRES

Des 15 et 19 Février 1902 et 7 Avril 1903

La loi des 15 et 19 février 1902 sur la protection de la santé publique est entrée en application, aux termes de son article 34, le 19 février 1903.

Cette loi si longtemps attendue est destinée à remédier à l'insuffisance de notre législation en matière sanitaire, aussi importe-t-il grandement de rechercher ses pensées directrices, ses organisations et ses réformes.

Mais outre qu'un tel examen entraînerait de longs développements, il nous a paru sortir un peu des termes d'une communication; aussi nous bornerons-nous à présenter au premier Congrès international d'assainissement et de salubrité de l'habitation, quelques considérations sur un des points qui nous a particulièrement frappé: les pouvoirs des maires devant la loi.

**

Antérieurement au texte qui nous occupe, la loi des 16, 24 août 1790 sur l'organisation judiciaire, avait confié aux corps municipaux le soin de veiller à la salubrité des villes et villages: son article 3, titre X, était ainsi conçu:

« Art. 3. — Les objets de police confiés à la vigilance et à l'autorité des corps municipaux sont:

« 1º Tout ce qui intéresse la sûreté et la commodité du passage dans les rues, quais, places et voies publiques; ce qui comprend le nettoiement, l'illumination, l'enlèvement des encombrements, la démolition ou la réparation des bâtiments menaçant ruine, l'interdiction de rien exposer aux fenêtres ou autres parties des bâtiments qui puisse nuire par sa chute, et celle de rien jeter qui puisse blesser ou endommager les passants, ou causer des exhalaisons nuisibles ;

. . . .

« 5° Le soin de prévenir par des précautions convenables, et celui de faire cesser par la distribution des secours nécesssaires, les accidents et fléaux calamiteux, tels que les incendies, les épidémies, les épizooties, en provoquant aussi, dans ces deux derniers cas, l'autorité des Administrations de département et de district. »

Il y avait lieu d'espérer dès lors, que les pouvoirs locaux s'acquitteraient avec zèle de leurs devoirs et que les mesures qu'ils ordonneraient seraient suffisantes pour assurer le respect des prescriptions de la santé publique.

Déjà l'art. 50 de la loi du 14 septembre 1789 avait défini ainsi les fonctions du pouvoir municipal : « les fonctions propres du pouvoir municipal sont de faire jouir les habitants d'une bonne police, notamment de la *propreté*, de la *salubrité*, de la sûreté et de la tranquillité des rues, lieux et édifices publics. »

Telle avait été l'espérance et disons mieux la volonté du législateur. En veut-on une preuve? Lorsque l'insuffisance des logements, leur insalubrité détestable appelèrent l'attention des hommes d'État, des philanthropes et des économistes, on estima que les lois de la période révolutionnaire étaient insuffisantes pour assurer la salubrité des maisons, et sur l'initiative de M. Melun (du Nord) fut promulguée la loi du 13 avril 1850 sur les logements insalubres. Tout au contraire le législateur belge, continua à faire l'application des textes de 1789 et 1790 et l'assainissement intérieur des habitations fut assuré d'une manière très efficace, beaucoup plus efficace même que chez nous, puisque la loi de 1850 emportait reconnaissance de l'insuffisance de la législation préexistante, et qu'elle contenait un certain nombre de limitations que ne connurent jamais les législateurs belges.

Ce n'est pas tout, la jurisprudence des tribunaux vint réduire encore la portée des dispositions que nous venons de rappeler; si par mégarde un maire voulait faire son devoir, il était bien vite ramené à l'interprétation étroite des textes par des jugements et des arrêts impératifs.

Tout d'abord le maire ne peut intervenir que dans l'intérieur des maisons puisque, nous l'avons dit, c'est l'apanage de la loi de 1850.

Il ne peut intervenir que lorsque « la salubrité est en cause », et c'est ici que les décisions les plus contradictoires apparaissent. M. Fillassier n'a-t-il pas rappelé un jugement du tribunal de simple police de

Paris du 7 Février 1885, décidant que l'arrêté d'un maire qui ordonnait à un propriétaire d'alimenter sa maison en eau de source était illégal (1) !

Mais une des limitations les plus désastreuses des pouvoirs des maires, fut sans contredit la règle posée par la Cour de cassation : que, si le maire peut ordonner de faire disparaître les causes d'insalubrité, il ne peut indiquer les moyens à employer pour atteindre ce but.

Or, qui ne voit combien cette restriction brise la concession première ? Combien il est impraticable le plus souvent de remédier à une cause d'insalubrité, si l'on ne peut indiquer en même temps le moyen de la faire disparaître !

Sans doute nous savons ce que l'on répondait :

« Vous portez atteinte à la liberté du propriétaire dans le choix des moyens d'assainissement ? Vous portez atteinte à la liberté du commerce, en limitant à quelques uns les moyens à employer, et vous constituez ainsi, ou vous risquez de constituer un avantage pour quelques inventeurs ou fabricants, au détriment du plus grand nombre. »

Qui ne voit combien ces objections étaient peu sérieuses ?

Devait-il donc être l'objet de tant de ménagements le propriétaire qui exposait ainsi la vie et la santé de ses locataires ? Etait-il donc bien nécessaire de se prémunir à l'avance contre un danger imaginaire, en évitant de monopoliser au profit de quelques-uns des mesures édictées dans l'intérêt de tous ?

Malheureusement cette décision de la Cour suprême fit jurisprudence et nous n'avions plus dès lors en matière de salubrité que deux catégories : les municipalités incompétentes ou rétrogrades et les municipalités impuissantes.

**

C'est dans ces conditions qu'est intervenue la loi des 15-19 février 1902 et cette préoccupation avait été si vive que dès l'article 1er, la loi fait appel au pouvoir des maires.

Mais avant que d'examiner les dispositions qu'elle contient, précisons la situation à la veille du jour où elle allait recevoir son exécution.

Les lois de 1789 et 1790 étaient sans effet ; en vain, l'article 97 de la loi du 5 avril 1884 sur l'organisation municipale en avait reproduit l'esprit :

---

(1) FILLASSIER. De la détermination des pouvoirs publics en matière d'hygiène Paris, Rousset, 1902.

La police municipale, dit cet article, a pour objet d'assurer le bon ordre, la sûreté et la salubrité publiques. Elle comprend notamment :

1º Tout ce qui intéresse la sûreté et la commodité du passage dans les rues, quais, places et voies publiques, ce qui comprend le nettoiement, l'éclairage, l'enlèvement des encombrements, la démolition ou la réparation des édifices menaçant ruine, l'interdiction de rien exposer aux fenêtres ou autres parties des édifices qui puissent nuire par sa chute ou celle de rien jeter qui puisse endommager les passants ou causer des exhalaisons nuisibles ;

2º Le soin de réprimer les atteintes à la tranquillité publique, telles que les rixes et disputes accompagnées d'ameutement dans les rues, le tumulte excité dans les lieux d'assemblée publique, les attroupements, les bruits et rassemblements nocturnes qui troublent le repos des habitants, et tous actes de nature à compromettre la tranquillité publique ;

3º Le maintien du bon ordre dans les endroits ou il se fait de grands rassemblements d'hommes, tels que les foires, marchés, réjouissances et cérémonies publiques, spectacles, jeux, cafés, églises et autres lieux publics ;

4º Le mode de transport des personnes décédées, les inhumations et exhumations, le maintien du bon ordre et de la décence dans les cimetières, sans qu'il soit permis d'établir des distinctions ou des prescriptions particulières à raison des croyances ou du culte du défunt ou des circonstances qui ont accompagné sa mort ;

5º L'inspection sur la fidélité du débit des denrées qui se vendent au poids ou à la mesure, et sur la salubrité des comestibles exposés en vente ;

6º Le soin de prévenir, par des précautions convenables, et celui de faire cesser, par la distribution des secours nécessaires, les accidents et les fléaux calamiteux, tels que les incendies, les inondations, les maladies épidémiques ou contagieuses, les épizooties, en provoquant s'il y a lieu l'intervention de l'administration supérieure ;

7º Le soin de prendre provisoirement les mesures nécessaires contre les aliénés dont l'état pourrait compromettre la morale publique, la sécurité des personnes ou la conservation des propriétés ;

8º Le soin d'obvier ou de remédier aux événements fâcheux qui pourraient être occasionnés par la divagation des animaux malfaisants ou féroces.

* *

La loi de 1884 avait eu le même sort que les lois antérieures, et l'on peut résumer d'un mot la situation : le maire ne pouvait rien ou presque rien dans sa commune, pour en assurer la salubrité. « Ainsi donc, écrira M. Fillassier, dans son ouvrage remarquable (1), le maire ne pourra intervenir que lorsque la salubrité publique sera en cause et la jurisprudence n'est pas fixée sur le sens de ce mot, il n'a encore aucune autorité s'il s'agit de quelque cause d'insalubrité intérieure ; s'agit-il d'une cause extérieure, il ne pourra indiquer les moyens de remédier au mal qu'il a constaté, et si enfin les mesures qu'il compte prendre entraînent quelque dépense pour la commune, il n'a pas qualité pour engager celle-ci obligatoirement. »

Aussi découle-t-il de cette situation que l'article Ier de la loi des 15-19 février 1902 a une importance capitale : que dit-il exactement ?

L'article 1er est ainsi conçu :

« Dans toute commune, le maire est tenu, afin de protéger la santé publique, de déterminer, après avis du conseil municipal et sous forme d'arrêtés municipaux portant règlement sanitaire :

« 1o Les précautions à prendre, en exécution de l'article 97 de la loi du 5 avril 1884, pour prévenir ou faire cesser les maladies transmissibles visées à l'article 4 de la présente loi, spécialement les mesures de désinfection ou même de destruction des objets à l'usage des malades ou qui ont été souillés par eux, et généralement des objets quelconques pouvant servir de véhicule à la contagion.

« 2o Les prescriptions destinées à assurer la salubrité des maisons et de leurs dépendances, des voies privées, closes ou non à leurs extrémités, des logements loués en garni et des autres agglomérations quelle qu'en soit la nature, notamment les prescriptions relatives à l'alimentation en eau potable ou à l'évacuation des matières usées. »

*
* *

Il y a donc pour le maire obligation absolue de prendre un arrêté municipal portant règlement sanitaire.

Cette obligation est une innovation ; jusqu'ici il était le seul maître de l'opportunité de son intervention.

Et tout aussitôt un problème considérable est soulevé qui dominera la loi entière : l'unité sanitaire, c'est la commune ; le maire est plus particulièrement chargé de veiller, par la loi elle-même sur son application.

Si nous parcourons les autres articles, nous voyons partout le

---

(1) FILLASSIER : De la détermination des pouvoirs publics en matière d'hygiène. — Paris, Rousset, 2e édit., 1902.

même souci. C'est le maire qui saisira les commissions sanitaires lorsqu'il s'agira de veiller à la salubrité intérieure des maisons; c'est auprès des maires [que fonctionneront dans les villes de plus de 20.000 habitants, et dans les stations thermales de plus de 2.000 âmes les bureaux d'hygiène, etc. etc.

Cette mesure est détestable.

Les considérations qui ont amené le Parlement à confier au maire le soin de veiller à l'application de la loi nous paraissent d'ordre différent. En premier lieu, on a eu une peur extrême de créer de nouveaux fonctionnaires. Il est admis que l'administration nous étouffe, qu'elle grève sans objet notre budget : en un mot, que l'Europe ne nous l'envie plus.

Loin de nous la pensée de réhabiliter des citoyens qui ne nous en ont pas chargé ! Loin de nous la pensée que tous nos bureaucrates travaillent avec un acharnement de galériens, mais cette appréhension n'est-elle pas un peu puérile, et puisque le Sénat a été plus particulièrement hanté de cette façon, n'était-il pas plutôt de son devoir de demander au Gouvernement de supprimer les postes inutiles, les sinécures heureuses et d'organiser les services nécessaires, alors surtout qu'ils doivent avoir pour but de sauvegarder la santé publique et d'accroître ainsi la prospérité nationale ? (1)

Puis, on a pensé, que les mesures sanitaires entraînant toujours une contrainte, celle-ci serait mieux accueillie si elle émanait d'une autorité en quelque sorte paternelle puisque le maire est l'élu [de la commune, et vit au milieu des intérêts qu'il administre.

Mais si ce système était théoriquement très heureux et respirait d'une pensée essentiellement démocratique, qui ne voit [quels désavantages, il devait présenter inévitablement dans la pratique.

Quelle compétence sanitaire présentent donc les maires ? Combien de maires de nos 36.000 communes connaissent au moins dans les grandes lignes les conséquences heureuses des découvertes de notre grand Pasteur et les moyens de s'en assurer le bénéfice ? Dès lors n'allaient-ils pas se montrer peu disposés en faveur des mesures dont l'importance leur échappait ?

Puis, ces mesures nous l'avons dit, paraissent renfermer une part d'arbitraire. Ne vont-ils pas redouter dès lors de déplaire à leurs administrés qui sont en même temps leurs électeurs ?

______

(1) L'honorable M. Viseur avait en effet proposé, le 11 décembre 1900, de nommer dans chaque département un ou plusieurs inspecteurs de la santé publique chargés d'assurer l'exécution de la loi de 1902. C'était, en somme, rééditer les conclusions du rapport de M. Langlet votées par la Chambre et le Sénat à la première délibération. M. Cornil, rapporteur, fit écarter cet amendement : on chargerait des missions reconnues nécessaires les six inspecteurs adjoints à l'inspection générale des services sanitaires créés par l'article 22 de la loi.

Ah certes, si l'éducation sanitaire du peuple était faite (1), si tous savaient les liens étroits qui unissent ici les habitants d'une même commune, d'un même pays, et qui vont même par delà les frontières, certes, on verrait avec joie l'influence conciliatrice du magistrat municipal s'exercer; il n'ordonnerait plus, il conseillerait : en sommes-nous là?

Evidemment, en vertu de l'article 2, le Préfet pourra intervenir et forcer la main au maire négligent ou incapable? mais alors la contrainte que nous redoutions tout à l'heure augmente; l'individu résiste et pour quel profit?

Nous ferons donc à la loi une critique extrême : il faut et il importe que bientôt une administration sanitaire soit organisée, dégagée des influences locales et nous pensons qu'il faut regretter que les pouvoirs publics n'aient pas profité de cette refonte des lois sanitaires pour élaborer un véritable Code de la santé publique si souvent réclamé par les hommes compétents et d'aborder la création d'un Ministère de l'Hygiène publique auquel on rattacherait le Service de l'assistance publique (2).

*
* *

Le maire prendra donc un arrêté municipal portant règlement sanitaire. Ce règlement comprendra toutes les précautions à prendre en exécution de l'article 97 de la loi du 5 avril 1884, pour préserver ou faire cesser les maladies transmissibles, spécialement les mesures de désinfection et même de destruction des objets à l'usage des malades ; puis les prescriptions destinées à assurer la salubrité des maisons et de leurs dépendances.

La loi attache une importance particulière à la désinfection : elle lui consacre tout un article (art. 7) et elle la rend obligatoire dans tous les cas où elle impose la déclaration. Conformément à l'article 4 et après avis consultatif du Comité d'hygiène publique de France et de l'Académie de Médecine paraissait le 10 février 1903 le décret portant désignation des maladies pour lesquelles la déclaration et la désinfection étaient obligatoires et celles pour lesquelles la déclara-

---

(1) « La coercition est impossible, tant que l'opinion publique n'est pas éclairée; et il est vain qu'une loi sanitaire commande, quand elle ne sait pas se faire obéir ». DUCLAUX, *L'Hygiène Sociale*, p. 34. Paris, 1902.

(2) STRAUSS et FILLASSIER. Commentaire de la loi sur la santé publique. Paris, Rousset, 1904.

tion était facultative. « Le but essentiel de cette double liste, disait la circulaire du 5 juin 1903, est d'étendre au plus grand nombre de cas le bénéfice des dispositions de la nouvelle loi, en reconnaissant aux praticiens, aux collectivités et au public la faculté d'y recourir de leur plein gré, lorsqu'ils voudraient se défendre contre certaines maladies auxquelles ne pouvait être imposé, quant à présent, le régime de la déclaration et de la désinfection obligatoire ».

L'article 16 de la loi du 30 novembre 1892, sur l'exercice de la médecine, imposait déjà au médecin la déclaration des cas de maladies transmissibles. Mais cette loi ne prévoyait point l'obligation de la désinfection.

De nombreux hygiénistes et surtout M. Brouardel (1), au Parlement, réclamèrent une double déclaration, celle du médecin et celle du père de famille.

En principe comme en fait, disait M. Ferrand (2), le médecin a tout caractère pour formuler la déclaration, mais c'est à la famille et à l'entourage à la transmettre à qui de droit.

M. Mosny (3), dans son étude si remarquable de la loi de 1902, trouve profondément regrettable que l'obligation ait été seulement imposée au médecin.

Cette double déclaration existe d'ailleurs dans divers pays : en Allemagne (4), dans la Grande-Bretagne, en Hongrie, en Norvège, en Hollande (5), au Chili (6). Tôt ou tard on l'adoptera aussi en France (7).

C'est presque uniquement en vue de la tuberculose que le législateur a créé une catégorie de maladies transmissibles à déclaration facultative. Il est certain que le public n'admettrait pas facilement la révélation de cette tare familiale ; il y a surtout une objection plus grave : Si la déclaration devait être suivie de désinfection (et c'est sa seule utilité), il serait impossible, même à Paris, de prendre toutes

---

(1) Brouardel. La profession médicale au commencement du xxᵉ siècle. Paris, Baillière, 1903.

(2) *Académie de Médecine*, Séance du 24 mai 1898.

(3) Mosny. La loi relative à la protection de la santé publique (Etude critique d'hygiène sociale), *Annales d'hygiène publique et de médecine légale*, mai-juin 1903.

(4) Paul Strauss. La croisade sanitaire, Paris, Fasquelle, 1902. Cf. aussi : Réglementation par des lois d'empire des mesures nécessaires pour combattre les maladies contagieuses. *Deutsche Vierteljahrsch, f. öff. Gesundheits pflege* 1899.

(5) Strauss et Fillassier. Loi de 1902. Paris. Rousset, 1904, p. 236.

(6) Mosny, *loc. cit.*

(7) Lucien Graux. La Tuberculose et l'habitation urbaine. Paris, Rousset, 1905, p. 26.

les mesures nécessaires. Il faudrait en effet faire près de 30.000 désinfections par semaine ! Enfin il serait impossible de suivre les tuberculeux dans tous leurs déplacements et de désinfecter tous les lieux où
ils séjourneraient ! La stérilisation des logis habités par les phtisiques
est cependant des plus désirables, et M. le professeur agrégé Rénon (1),
dans le cours si documenté et d'une si haute portée philosophique et
sociale qu'il a fait cette année à l'Ecole de Médecine, déclarait qu'il
fallait obtenir des Pouvoirs publics la déclaration obligatoire de la
tuberculose, dont le corollaire obligé serait naturellement la désinfection obligatoire.

Les mesures de désinfection (2) sont confiées aux services sanitaires
compétents, aux bureaux d'hygiène des villes de plus de 20.000 habitants (3) et dans les communes d'au moins 20.000 habitants qui sont le
siège d'un établissement thermal. Il y a 124 villes ayant plus de 20.000
habitants. En y comprenant les villes d'eaux, on devra avoir en
France 135 bureaux d'hygiène (4). Une quarantaine sont en formation
à l'heure actuelle, dont vingt environ existaient avant la loi. Les
autres communes dépendent d'un seul service *départemental* de
désinfection.

Enfin, en cas d'épidémies plus graves, un décret du Président de la
République détermine les mesures propres à en empêcher la propa-
gation. « Les frais de ces mesures en personnel et en matériel sont à
la charge de l'Etat » (art. 8).

MM. Strauss et Fillassier (5) ont pu noter dans l'ordonnance du
25 octobre 1883 que tout individu tenant un garni devait faire la
déclaration immédiate des cas de maladie contagieuse ou épidémi-
mique. Le texte précisait même en disant que le logeur serait tenu de
déférer aux *injonctions qui lui seraient adressées* à la suite de la
visite du médecin délégué par l'Administration. M. Monod (6) a relevé
divers arrêtés de maires imposant cette déclaration au chef de la
famille, etc. (Arrêtés des maires de Lyon, 28 mai 1889, de Grenoble,
22 avril 1890, de Nice, 17 juin 1892).

Mais MM. Strauss et Fillassier craignent avec raison, selon nous,
que l'on ne se trouve en conflit avec l'article 27 de la loi. On doit

---

(1) Rénon. Les maladies populaires. Paris, Masson, 1904.

(2) Lire la très importante communication du Dr Calmette : De la nécessité
et des moyens pratiques de contrôle des désinfections publiques. *Bulletin de
l'Académie de Médecine*, Paris, 1903.

(3) Lucien Graux. Les Bureaux d'hygiène. *Progrès Médical*, 17 décembre 1904.

(4) Lucien Graux. La loi de 1902 et les stations hydrominérales. *Progrès
Médical*, 22 octobre 1904.

(5) *Loc. cit.*, p. 236.

(6) H. Monod. La Santé publique. Paris, Hachette, 1904.

donc conclure (art. 21), que seuls les docteurs, les officiers de santé ou sages-femmes ont qualité pour faire la déclaration prescrite par l'article 15 et que les maires ne peuvent l'imposer à d'autres dans leurs règlements. Il est à espérer que la loi sera revisée sur ce point.

*
* *

Il est indispensable de mettre les tribunaux en garde contre une méprise qui s'ils la commettaient serait redoutable : elle aboutirait en fait à l'abrogation de l'article 1er.

En rappelant l'article 97 de la loi de 1884, le législateur s'est référé à une énumération déjà faite et qu'il a complété « spécialement en ce qui concerne les mesures de désinfection et de destruction »; mais il n'en résulte pas qu'il s'en soit tenu à reproduire cette disposition; il faut entendre que la loi de 1902 a considérablement accru, dans ses termes, et plus encore dans son esprit la législation préexistente et que toutes les limitations de la jurisprudence antérieure ne sauraient reparaître sans que la loi soit violée.

En second lieu, des discussions sont nées sur la signification du mot « agglomération » : de ce que la loi du 13 avril 1850 ne permettait de pénétrer que dans les maisons privées, on a voulu dire que les pouvoirs des maires et des commissions sanitaires n'allaient pas au-delà sous l'empire de la nouvelle loi.

C'est faux, archi-faux. De l'étude des travaux préparatoires, il résulte d'une façon très claire, et MM. Strauss et Fillassier insistent sur ce point, que les casernes, les écoles, les agglomérations quelconques, tombent sous le coup de la loi et que les ministères de la guerre ou de l'instruction publique, ne sauraient prétendre que ces établissements sont régis par des textes qui relèvent de leur administration propre (1).

Les pouvoirs des différents départements ministériels restent entiers, sous la réserve qu'ils se soumettront au contrôle des organisations créés par la loi de 1902 et en premier lieu à la surveillance municipale et au respect des arrêtés des maires.

---

(1) L'article 21 décide en effet que les Conseils d'hygiène départementaux et les Commissions sanitaires devront être consultés sur les objets énumérés à l'article 9 du décret du 18 décembre 1848 dont le paragraphe 2 est ainsi conçu : « Les grands travaux d'utilité publique, constructions d'édifices, écoles, prisons, casernes, ports, canaux, etc. »
Enfin les ateliers et manufactures échappent à cette disposition de la loi en vertu de l'article 32 qui l'a disposé expressément.

Il serait indispensable également de rendre applicables aux gares des chemins de fer et à leurs dépendances les règlements sanitaires pris en vertu de l'article premier de la loi, relativement à leur disposition concernant notamment l'entretien des bâtiments, les nouvelles constructions, l'installation des water-closets, des urinoirs, le chauffage et la ventilation des locaux, l'adduction d'eau potable, l'écoulement des matières usées.

*
* *

Nous avons dit les critiques qu'il faut adresser aux maires fonctionnaires sanitaires. Celles que nous avons formulées touchant, au moins leur incompétence, étaient tellement fondées, que le ministère de l'Intérieur lui-même les a comprises et que le Comité consultatif d'hygiène publique de France a élaboré des règlements-types, qui doivent leur servir de guides. Ces modèles sont au nombre de deux, l'un applicable aux villes, bourgs ou agglomérations (modèle A), le second aux communes ou parties de communes (modèle B). Il est bien évident qu'il n'y a là que des modèles ; dans les grandes villes, les compétences sanitaires sont d'ailleurs suffisantes pour élaborer un règlement qui tiendra compte des nécessités locales. Disons seulement qu'en même temps que ces arrêtés sont promulgués, et que les bureaux d'hygiène sont créés, il convient d'organiser un casier sanitaire dans les grandes villes, sur le modèle de celui qui a été créé à Paris par M. Juillerat, chef du Bureau de l'Assainissement et de l'Habitation.

Il ne faut pas oublier, en effet, que lorsque la mortalité d'une commune dépasse dans certaines conditions la moyenne de la mortalité des autres communes, une enquête est ordonnée. Il y aura là une source puissante de documents.

Nous avons pu voir par le rapport de M. Juillerat à ce Congrès, combien une pareille création pourrait être féconde. — Dans sa remarquable communication le distingué chef du Casier Sanitaire de Paris a démontré l'influence prépondérante du mode de construire les maisons et de l'orientation et de la largeur des rues, sur l'étiologie et la conservation de la tuberculose. Devant les constatations formidables de son enquête, il est certain que le législateur n'eût pas hésité à formuler lui-même certaines règles précises pour l'établissement des voies publiques et la conservation des maisons urbaines. — Les municipalités mieux éclairées, doivent aujourd'hui faire état de ces constatations. Il faut que le règlement sanitaire prévoie l'orientation des rues, limite la hauteur des maisons et la dimension des cours de façon

— 16 —

que l'air et le soleil puissent pénétrer sans obstacle dans les locaux habités (1).

Le cri d'alarme jeté par l'éminent administrateur ne doit pas rester une manifestation platonique, qu'une vaste enquête dont il a si magistralement donné le plan et montré l'immense intérêt, s'ouvre dans toutes les villes, et sans doute, il en sortira des lois de préservation sociale assises sur les bases inébranlables de l'observation directe.

Personne ne pourra plus taxer d'arbitraires, des prescriptions dictées par l'expérience. — L'intérêt de quelques-uns devra céder le pas à l'intérêt majeur de la santé publique.

*
* *

Dans les petites communes, le modèle s'en tient à quelques prescriptions élémentaires ; il ne s'agit en effet le plus souvent que d'assurer la salubrité des habitations, des cuisines, des chambres à coucher, l'alimentation en eau potable, l'installation des fosses à fumier et à purin dans des conditions de salubrité absolue, etc., etc... Il est à remarquer que la loi du 21 juin 1898 sur la police rurale avait déjà guidé les maires et s'était efforcée de leur enseigner leurs devoirs. Il semble qu'elle ait trouvé peu d'échos dans les campagnes : espérons qu'il n'en sera pas de même du texte de 1902.

Toutefois, dans bien des cas, la loi sera d'une application des plus difficiles, malgré la bonne volonté des municipalités ; comment imposer des travaux dispendieux à des paysans endettés et besogneux? On devrait s'occuper de créer des locaux à bon marché pour les cultivateurs et les ouvriers agricoles comme l'on a favorisé le développement des habitations ouvrières et nous ne saurions trop approuver les conclusions du rapport si documenté de M. Marié-Davy au Congrès d'Assainissement (2).

*
* *

Il est une lacune éminemment regrettable dans le projet de réglementation du Comité consultatif : rien n'est indiqué spécialement en ce qui concerne les stations thermales.

----

(1) Cf, Lucien Graux. La Tuberculose et l'Habitation urbaine. Paris, Rousset 1905.

(2) Marié-Davy. Habitations rurales, *Premier Congrès International d'Assainissement et de Salubrité de l'Habitation*, p. 23. Paris, 1904.

La loi sur la protection de la santé publique de 1902 ne renferme qu'un *seul* article relatif aux villes d'eaux : (1)

« ART. 19 (2e alinéa) : Dans les villes de 20.000 habitants et au-dessus, et dans les communes d'au moins 2.000 habitants qui sont le siège d'un établissement thermal, il sera institué, sous le nom de *Bureau d'Hygiène,* un service *municipal* chargé, sous l'autorité du *maire,* de l'application de la présente loi. »

Il est intéressant de constater que cet article ne fut voté que sur la proposition de MM. Pozzi et Strauss, sénateurs. On ne devait créer auparavant un Bureau d'hygiène que dans les villes de 50.000 habitants et au-dessus.

Un grand nombre de villes d'eaux ne seront pas tenues d'en posséder : c'est ainsi que Cauterets, qui a *neuf* établissements et 18 médecins et où l'on soigne la tuberculose pulmonaire, n'en aura pas n'ayant pas 2.000 habitants (2).

Sur plus d'une centaine de stations hydrominérales 33 seulement possèderont un bureau d'hygiène et celles-ci sont loin d'être les plus importantes. Le chiffre élevé de leur population fixe tient le plus souvent à de tout autres causes que celles de l'exploitation de leurs sources. C'est ainsi que la Mouillière est située sur le territoire de Besançon, Andabre, sur celui de Camarès, etc.

Beaucoup de stations très fréquentées ne seront pas tenues de posséder un Bureau d'hygiène. Citons parmi celles-ci : la Bourboule (1.047 hab.), Plombières, Evian, Châtel-Guyon, Saint-Honoré, Royat, Cauterets, Contrexéville, Lamalou, Ax, Barèges, Capvern, Eaux-Bonnes, Forges-les-Eaux, Saint-Nectaire, Saint-Sauveur, etc.

Le syndicat général des médecins des stations thermales et sanitaires de France, qu'a créé et que dirige avec tant d'activité M. Albert Robin, s'est occupé de cette dernière question dans sa séance du 22 avril 1904. Le Dr Schlemmer a, dans un excellent rapport (3), montré toute l'insuffisance de la loi de 1902 : « Il est nécessaire de compléter au moyen d'un article additionnel ou d'un règlement administratif spécial aux stations thermales certaines dispositions de la loi concernant l'application des mesures sanitaires qui visent l'antisepsie et l'asepsie. »

La législation sanitaire doit avoir plusieurs objectifs ; elle doit, notamment, prévenir la prophylaxie des maladies contagieuses, et lorsque celles-ci ont éclaté, prescrire les mesures nécessaires pour en triompher.

---

(1) LUCIEN GRAUX. La loi de 1902 et les stations hydrominérales. *Progrès médical,* 22 octobre 1904.

(2) Cf. Dr NIVIÈRE, *Bull. méd.* 3 fév. 1904.

(3) Dr SCHLEMMER. — Des améliorations nécessaires dans l'organisation législative actuelle de la police sanitaire à l'égard des stations thermales. Paris, 1904.

La loi de 1902 comprend trois articles sur la désinfection : aucun d'eux ne prescrit l'isolement. La loi n'indique pas à l'aide de quel dispositif ni dans quel délai doit être exécutée la désinfection. Dans les villes de moins de 2.000 habitants, elle ne peut être pratiquée que par les soins d'*un seul* service départemental.

Il est évident que dans une ville d'eaux un cas d'affection contagieuse est particulièrement difficile à traiter en pleine saison tant à cause de l'encombrement des hôtels et même des habitations privées que par la suite de la crainte de la divulgation de la maladie qui pourrait faire déserter la station... Il est impossible d'autre part d'attendre l'arrivée du personnel et d'un matériel de désinfection uniques pour tout le département et qui de plus peuvent être indisponibles.

Ce qu'il faudrait, ce serait transporter le malade dans un pavillon d'isolement où il recevrait les soins que nécessiterait son état. Le malade serait infiniment mieux soigné et la station balnéaire n'aurait rien à redouter d'une mesure qui, au contraire, serait destinée à accroître les garanties sanitaires qu'elle présente.

Il suffirait donc de décider que dorénavant les pratiques de l'isolement devraient être observées dans les stations thermales et des mesures de désinfection pratiquées aussitôt dans les locaux préalablement occupés.

*
* *

L'hygiène des nomades devrait être étroitement surveillée dans les villes d'eaux et tous les services dépendant de la municipalité, l'objet de l'attention particulière du maire.

Les écoles (1), les salles d'asiles seraient établies conformément aux prescriptions les plus minutieuses de l'hygiène. Il en serait de même des postes de police et des refuges pour vagabonds qui sont souvent d'une malpropreté dégoûtante (2).

Les maires doivent enfin veiller à l'entretien des rues et des routes qui seront fréquemment arrosées et balayées et de la propreté la plus méticuleuse. La canalisation des égouts et la distribution d'eau potable

---

(1) C. Lacau. Écoles, *Rapport au Premier Congrès International d'Assainissement et de Salubrité de l'Habitation,* p. 9. Paris, 1904.

(2) On sait la campagne menée sur ce sujet par M. Bourneville, notamment in *Archives de Neurologie,* septembre 1896, p. 242 et *Progrès Médical,* 8 octobre 1898, p. 241. Cf. Drouineau, La désinfection dans les asiles de nuit et abris ruraux, *Bulletin de la Société de médecine publique et professionnelle,* 1899, p. 31.

devraient atteindre leurs plus grands perfectionnements dans les villes d'eaux (1).

Des mesures devraient être prises, en outre, au sujet des établissements insalubres, dangereux et incommodes. On comprend l'importance de cette réglementation dans des localités où viennent des malades, des enfants ou des surmenés ayant besoin de repos et de calme. La surveillance des denrées alimentaires (viandes, lait, etc.) devrait être aussi étroite que possible.

* *

Nous en avons fini avec l'étude des dispositions de la loi de 1902 sur la protection de la santé publique en ce qui concerne les arrêtés municipaux. En résumé, la loi est mauvaise, qui confie l'exécution des mesures sanitaires à des magistrats municipaux, élus. Elle est incomplète, notamment en ce qui concerne les stations thermales, cependant si intéressantes par la clientèle de malades et d'étrangers qui la fréquente.

Rien ne sera définitif en matière de salubrité que lorsque le service sanitaire sera partout autonome et l'éducation hygiénique de la masse, considérablement accrue.

---

(1) Lire à ce propos le remarquable rapport de M. Rénon au 1er Congrès français de climatothérapie et d'hygiène urbaine (Nice, 4-9 avril 1904) : Influence du climat méditerranéen sur la tuberculose et les tuberculeux (Cf. *Progrès Médical*, 23 et 30 avril 1904).

Imp. A. Munier, 132, boulevard Malesherbes. — 22114.